New Decorated Home

新饰家丛书

卧室设计

王 蕊 徐英楠 周立新 主编

辽宁美术出版社

图书在版编目（ＣＩＰ）数据

新饰家丛书．卧室设计／王蕊等主编．-- 沈阳：辽宁美术出版社，2014.5
ISBN 978-7-5314-6044-2

Ⅰ．①新… Ⅱ．①王… Ⅲ．①住宅-室内装修-建筑设计-图集②卧室-室内装修-建筑设计-图集 Ⅳ．① TU767-64

中国版本图书馆CIP数据核字(2014)第085299号

出 版 者：辽宁美术出版社
地　　址：沈阳市和平区民族北街29号　邮编：110001
发 行 者：辽宁美术出版社
印 刷 者：沈阳市博益印刷有限公司
开　　本：889mm×1194mm　1/16
印　　张：3
字　　数：15千字
出版时间：2014年5月第1版
印刷时间：2014年5月第1次印刷
责任编辑：彭伟哲　光　辉
封面设计：范文南　洪小冬
版式设计：彭伟哲
技术编辑：鲁　浪
责任校对：李　昂
ISBN 978-7-5314-6044-2

定　　价：25.00元

邮购部电话：024-83833008
E-mail:lnmscbs@163.com
http://www.lnmscbs.com
图书如有印装质量问题请与出版部联系调换
出版部电话：024-23835227

现代简约卧室

现代简约卧室的设计应力求简洁、流畅，避免给人凌乱的感觉，同时还要彰显出主人的个性和品位。

床是卧室的活动中心，所以应当摆放在房间的中部，并且通向床的道路应尽量保持通畅，使其成为最方便接近的地方。两个床头柜分置于床的两边，矮柜则放置在床的对面，这样既对称，又能非常方便地看电视。家具摆放应追求和谐，要使人感觉到所有物品放置得有序、整洁，以达到理想的布置效果。

为保持卧室整洁的风格，可以保留最低限度的装饰物。每个床头柜上放一盏台灯，材质与床完全相同，构成了和谐的呼应。如果再让灯光射向墙壁，可以营造出柔和的晕光效果，使整个房间显得非常温馨了。

石膏吊棚

彩绘玻璃

针织地毯

白色地砖

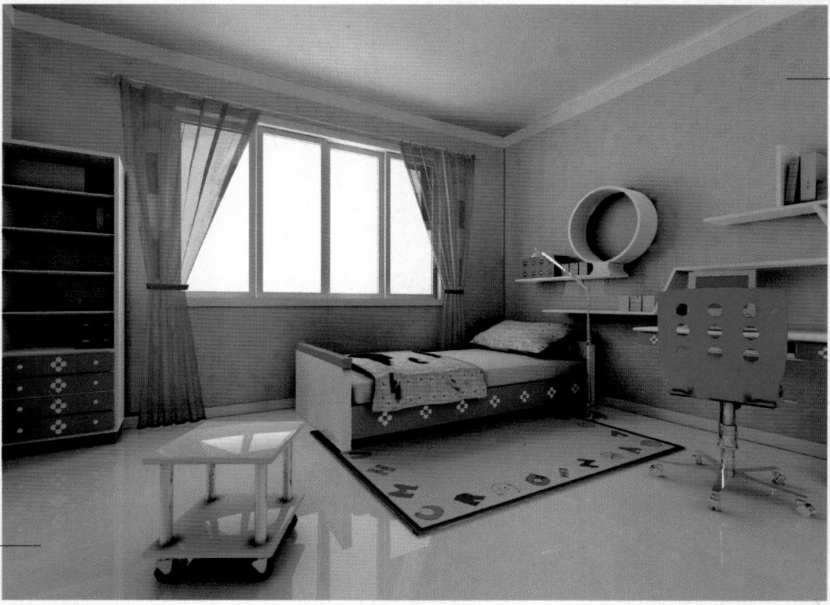

粉色花纹壁纸

石膏板吊顶

石膏角线

木纹壁

米色涂料

复合地板

石膏角线

粉色乳胶漆

米色涂料

羊毛地毯

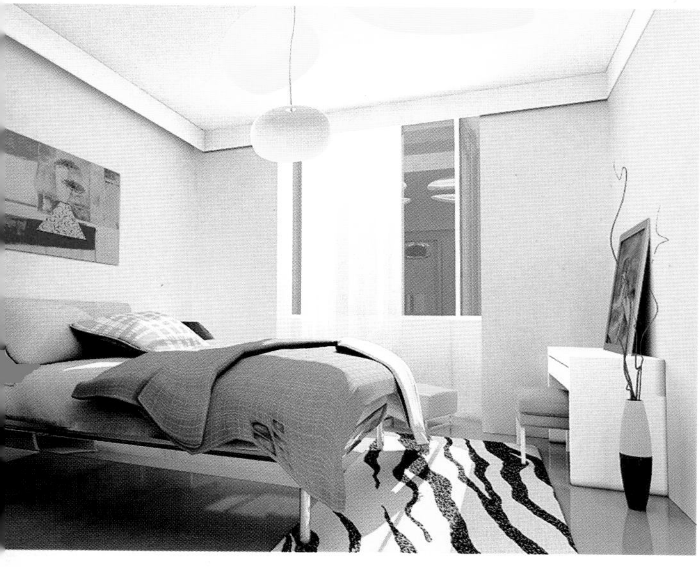

白色涂料

米色涂料

实木地板

实木地板

淡蓝色涂料

色花纹壁纸

装饰玻璃

实木地板

蓝色铝塑板

白色花纹壁纸

黄色涂料

复合地板

羊毛地毯

复合地板

木制墙板

实木地板

花纹壁纸

咖啡色涂料

白色涂料

复合地板

墙纸

复合地板

实木地板

色乳胶漆

高级羊毛地毯

色墙板

白色角线板

粉色涂料

木制墙板
羊毛地毯

白色角线

白色涂料
羊毛地毯

红色壁纸
实木地板

高档壁画
羊毛地毯

石膏角线
实木地板

白色吊顶
地毯

白色角线
实木地板

涂料

实木地板

铝塑墙板

羊毛地毯

实木地板

白色涂料

白色角线

白色角线

复合地板

复合地板

石膏吊顶
羊毛地毯

地砖
复合地板

彩绘玻璃
实木地板

石膏吊顶
纯毛地毯

白色吊顶
复合地板

壁纸

木制墙板

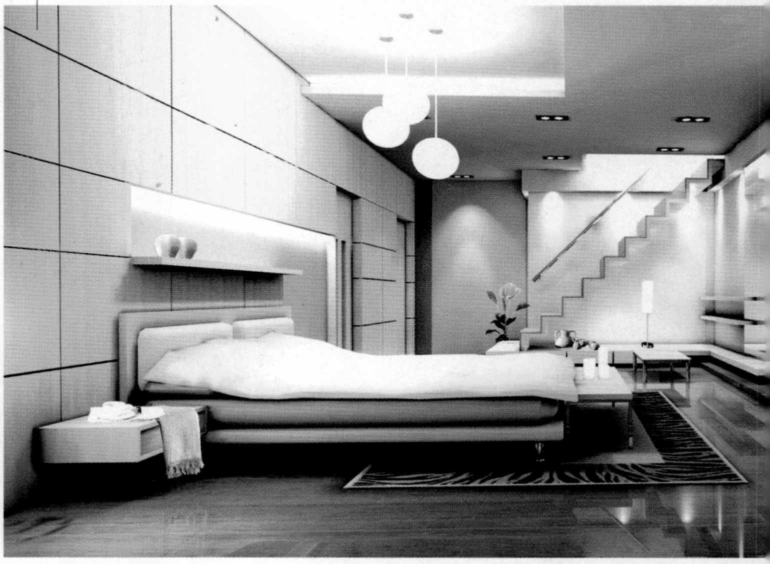

实木地板

白色墙砖

米色地毯

粉色角线

木

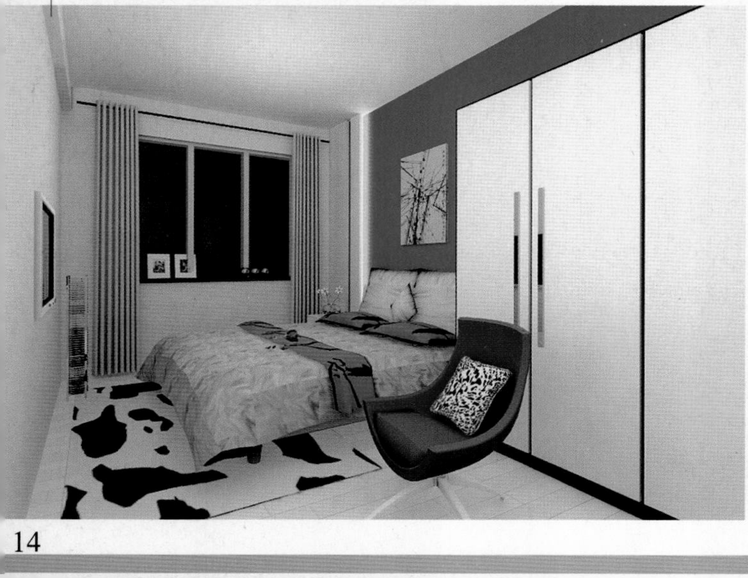

米色涂料

灰色涂料

地板

羊毛地毯

白色角线

实木地板

壁画

白色角线

石膏吊顶

白色角线

羊毛地毯

复合地

白色吊顶

白色涂

复合地板

花纹壁纸

白色角线

石膏墙线

复合地板

木制墙板

白色花纹壁纸

复合地板

壁画

复合地板

白色涂料

条纹壁纸

实木地板

实木

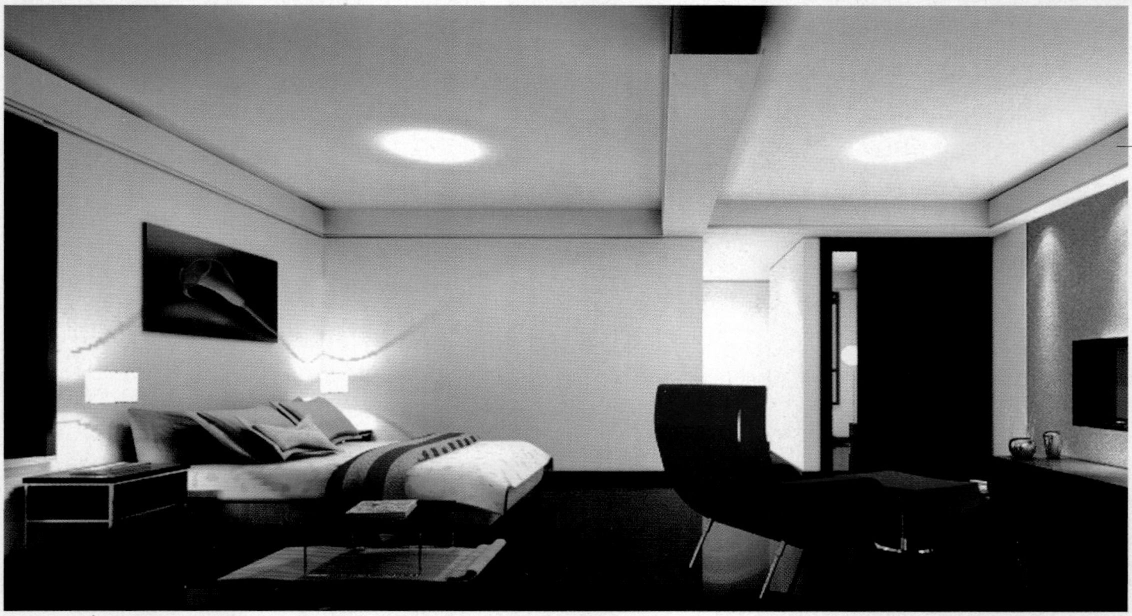

米

白色角线

木制吊顶

米色

白色涂料

高档壁画

实木地板

灰色墙板

羊毛地毯

石膏角线

复合地板

角线

复合地板

高档吊灯

红色花纹壁纸

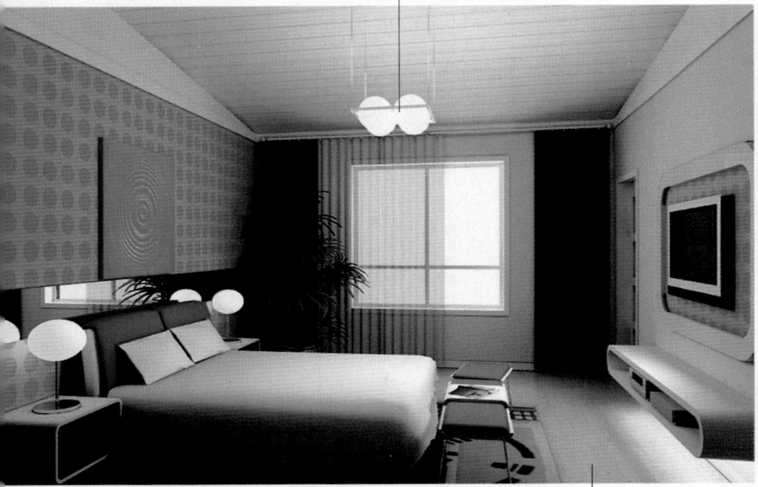

复合地板

高档壁画

白色涂料

复合地板

木制

复合地板

板

壁画

复合地板

木制墙板

石膏吊顶

涂料

壁画

复合地板

羊毛地毯　　复合地板　　羊毛地毯

米色角线　　壁画

羊毛地毯　　地毯

石膏吊顶　　石膏吊顶

木制墙板
实木地板
羊毛地毯
玻璃墙板

羊毛地毯

羊毛地毯

壁画
实木地板

黄色涂料
米色涂料

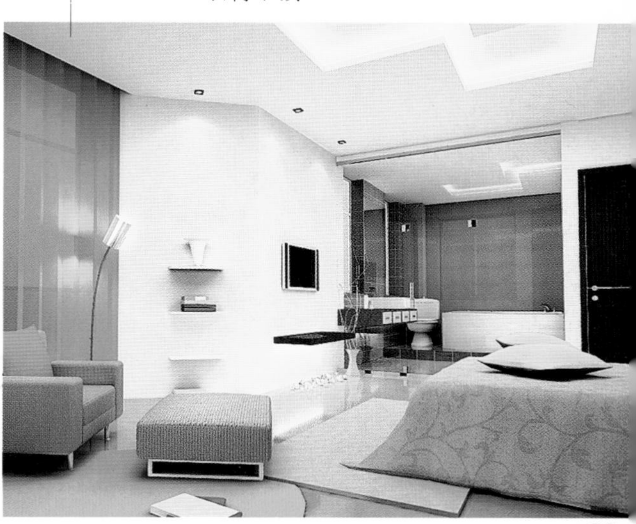
石膏吊顶

绿色涂料

银色角线

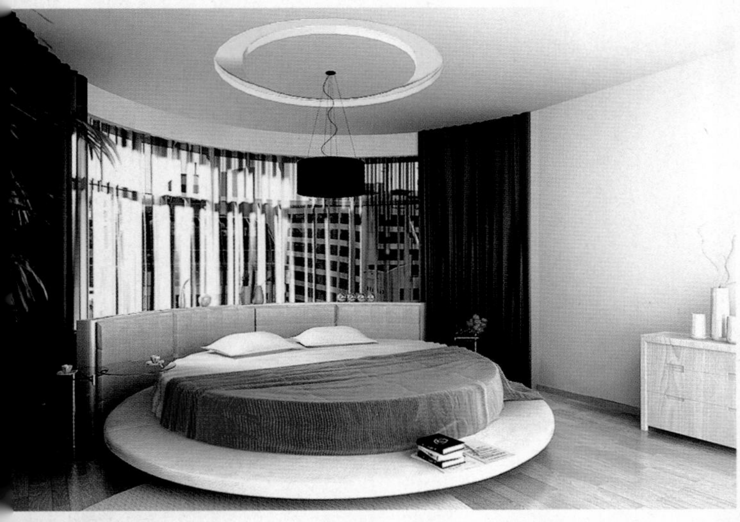

红色壁纸

中式传统卧室

传统的中式卧室讲究私密性，其中睡床和梳妆都不宜对着卧室门摆放。如果实在躲避不开，可以采取摆放屏风来遮挡。卧室的床头背景墙也是整个卧室的设计重点，像木雕的花窗、书画，甚至几扇传统的旧门板都可以作为床头背景墙。此外，在卧房角落摆上玲珑轻巧的玫瑰椅或小姐椅，也是提升空间效果的有效手段。

中式卧室的照明光线要柔和些，最好采用漫射照明的方式。灯具可以选择传统造型，市场上可选择的灯具很多。切记，灯具不要装在直接照在睡床的位置。

中式卧室追求雅洁、宁静舒适的居家氛围，根据卧室空间的大小，可以在卧室中放置一些适合摆放在卧室中的植物，这样有助于提升休息与睡眠的质量。由于卧室除了放床，余下的面积往往有限，所以应以中小盆或吊盆植物为主。在宽敞的卧室里，可选用站立式的大型盆栽。小一点的卧室则可选择吊挂式的盆栽，或将植物套上精美的套盆后摆放在窗台或化妆台上。

欧式吊灯
地毯

复合地板
羊毛地毯

装饰壁画
复合地板

文字壁纸
复合地板

白色乳胶漆
羊毛地毯

中式吊灯
复合地板

复合地板
羊毛地毯

花纹壁纸
复合地板

木制墙板

图案壁纸
复合地板

石膏吊顶
复合地板

欧式吊灯
复合地板

欧陆风情卧室

欧式风格的卧室居室色系以暖色调为主，融欧洲古典风格和现代气息为一体。栗色、米色和金色是欧式风格的主色调，不论是波西米亚式、巴洛克式，还是英国贵族式，只要把握好主调性，都会将欧式古典精髓的唯美呈现出来。

欧式风格的卧室家具由床、床头柜、衣柜、梳妆台、饰物架、床尾凳组成，它的选配同样重要，巴洛克的繁复雕花、洛可可式的优雅曲线、拿破仑式的国际化荟萃……都成为欧式家具设计中的稀世元素。现代欧式家具则将古典的繁复雕饰经过简化，并与现代的材质相结合，呈现出古典而简约的新风貌，这也是目前市场上看到的欧式古典家具的主要样式。

欧式风格的卧室寝具搭配以床为主角，床罩是灵魂，卧室的典雅与否取决于床罩与卧室整体搭配是否相得益彰。罩布的颜色也要与房间色调一致。其中床品、窗帘、靠包、睡袍、拖鞋应选用丝、棉、麻等天然面料，以传达欧式风尚低调的优雅。

另外，吊顶与壁纸对整个氛围的塑造也是异常关键的，也应与房间整体色调保持一致。

羊毛地毯

复合地板

石膏吊顶

欧式吊灯

羊毛地毯

羊毛地毯

白色乳胶漆

石膏吊顶

复合地板
羊毛地毯
石膏吊顶
欧式吊灯

羊毛地毯
复合地板
欧式吊灯
石膏吊顶

石膏吊棚 欧式壁灯

米色乳胶漆

花纹壁纸

羊毛地毯

欧式吊灯

高档壁画

白色角线

复合地板

羊毛地毯

实木地板

白色角线

地毯

羊毛地毯

装饰壁画

复合地板

石膏角线

复合地板

装饰地板

欧式吊灯

石膏吊顶

花纹壁纸

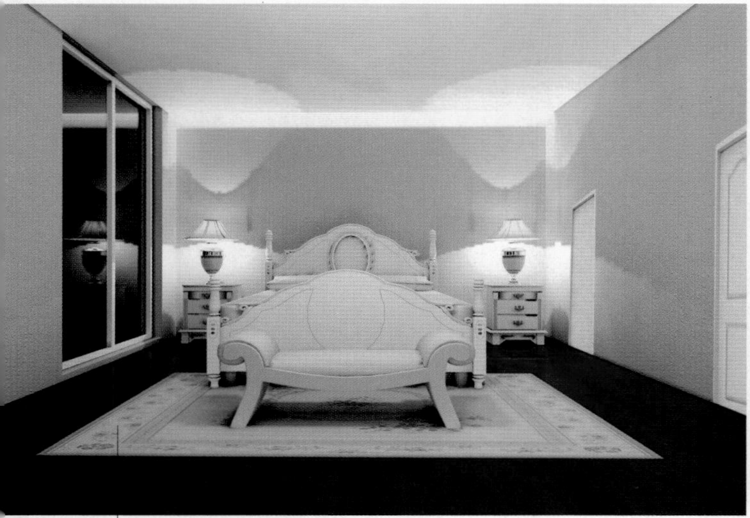
羊毛地毯

复合地板
羊毛

欧式吊灯

米色涂料

欧式吊灯
复合地板

欧式吊灯

复合地板

实木地板

羊毛地毯

复合地板

石膏角线

羊毛地毯

复合地板

复合地板
羊毛地毯

花纹壁纸
实木地板

复合地板

布纹壁纸

复合地板

复合地板

花纹壁纸

石膏吊棚

欧式吊灯

花纹壁纸
羊毛地毯

欧式吊灯
羊毛地毯

米色涂料
壁纸

欧式吊灯